Karla Mercedes Quiroz Rodríguez

Composición corporal y su relación con el tiempo de tratamiento

Karla Mercedes Quiroz Rodríguez

Composición corporal y su relación con el tiempo de tratamiento

De sustitución de la función renal (hemodiálisis), en pacientes con enfermedad renal crónica

Editorial Académica Española

Imprint
Any brand names and product names mentioned in this book are subject to trademark, brand or patent protection and are trademarks or registered trademarks of their respective holders. The use of brand names, product names, common names, trade names, product descriptions etc. even without a particular marking in this work is in no way to be construed to mean that such names may be regarded as unrestricted in respect of trademark and brand protection legislation and could thus be used by anyone.

Cover image: www.ingimage.com

Publisher:
Editorial Académica Española
is a trademark of
Dodo Books Indian Ocean Ltd. and OmniScriptum S.R.L publishing group

120 High Road, East Finchley, London, N2 9ED, United Kingdom
Str. Armeneasca 28/1, office 1, Chisinau MD-2012, Republic of Moldova, Europe
Managing Directors: Ieva Konstantinova, Victoria Ursu
info@omniscriptum.com

Printed at: see last page
ISBN: 978-620-0-03314-7

INDICE

Dedicatoria

Primero que nada, quiero dedicar este trabajo y agradecerme a mí por el esfuerzo, dedicación y constancia que demostré durante estos años de universidad, hoy más que nunca tengo la convicción de que estoy en el lugar correcto haciendo lo que amo, cumpliendo mis sueños y reafirmando mi vocación por la salud día con día.

A mi mamá y a mis abuelos por brindarme todas las herramientas para poder cumplir mi sueño, por seguir cada uno de mis pasos, apoyarme y respetar las decisiones que me hicieron ser la mujer que ahora soy, agradezco infinitamente su amor. Esto es posible gracias a ustedes.

A mis amigas, por ir juntas de la mano en este camino lleno de aventuras y aprendizaje. Especialmente a Jacqui por ser mi sostén a lo largo de estos años.

"No hay nada más fuerte que una amistad forjada en batalla" -Pokemon

A mis docentes y coordinadora por inculcar en mi la pasión por la nutrición, por guiarme en el camino, compartir sus conocimientos, por enseñarme a ser un buen ser humano antes de un buen profesionista y en especial por creer en mí. Gracias infinitas.

A mi gato Pepe por haber sido mi compañía en mis noches estudio y de desvelo, gracias por estar a mi lado cuando escribía este proyecto y por mostrarme el amor de una manera distinta a la que conocía. Un beso hasta el cielo mi niño.

Resumen

Introducción: La enfermedad renal crónica principalmente es causada por factores como diabetes mellitus e hipertensión arterial sistémica. En México la Incidencia de la ERC se ha aproximado de forma descontrolada, se calcula una prevalencia de 1.142 casos por millón de habitantes en población urbana y una incidencia de 377 hasta 528 casos por millón de habitantes, por lo cual es considerada como una enfermedad catastrófica debido al número creciente de casos.

Objetivo: Fue analizar relación que existe entre la composición corporal y el tiempo de tratamiento de hemodiálisis en pacientes.

Material y Métodos: El presente estudio fue de tipo observacional, analítico, transversal y prospectivo. La presente investigación se realizó en la clínica Servicios Especializados en Nefrología Toluca, SENETO clínica Metepec, contando con un total de 55 pacientes con enfermedad renal crónica que recibieron tratamiento de hemodiálisis.

Resultados: La relación entre la masa muscular total y el tiempo de tratamiento con hemodiálisis se observa que si existe una relación estadísticamente significativa entre la masa magra total y el tiempo de tratamiento con hemodiálisis estadísticamente significativa (p* 0.01) por lo tanto a mayor tiempo de tratamiento menor porcentaje de masa magra total.

Conclusiones: Es común que los pacientes con enfermedad renal crónica presenten desgaste proteico energético, causando principalmente disminución en el porcentaje de masa muscular, valores que en el presente estudio no se encontró algún resultado estadísticamente significativo

Abstract

Introduction: Chronic kidney disease is mainly caused by factors such as diabetes mellitus and systemic arterial hypertension. In Mexico, the incidence of CKD has approached in an uncontrolled way, a prevalence of 1,142 cases per million inhabitants in the urban population and an incidence of 377 to 528 cases per million inhabitants are calculated, which is why it is considered a catastrophic disease, due to the increasing number of cases.

Objective: It was to analyze the relationship between body composition and the time of hemodialysis treatment in patients.

Material and Methods: This study was observational, analytical, cross-sectional and prospective. The present investigation was carried out at the Servicios Especializados en Nefrologia Toluca clinic, SENETO clinic Metepec, with a total of 55 patients with chronic kidney disease who received hemodialysis treatment.

Results: The relationship between the total muscle mass and the time of treatment with hemodialysis is observed that if there is a statistically significant relationship between the total lean mass and the time of treatment with hemodialysis, statistically significant (p 0.01), therefore the longer the time treatment lower percentage of total lean mass.

Conclusions: It is common for patients with chronic kidney disease to present protein-energy wasting, mainly causing a decrease in the percentage of muscle mass, values that in the present study did not find any statistically significant results.

Introducción

La enfermedad renal crónica en México es causada, principalmente, por factores como diabetes mellitus e hipertensión arterial sistémica, aunque también dentro de su etiología se consideran como factores de riesgo ciertas patologías, por ejemplo, glomerulonefritis crónica, pielonefritis crónica, y el uso por tiempo prolongado de medicamentos antiinflamatorios [1].

En México la Incidencia de la ERC se ha incrementado de forma descontrolada, se calcula una prevalencia de 1.142 casos por millón de habitantes en población urbana y una incidencia de 377 hasta 528 casos por millón de habitantes, por lo cual es considerada como una enfermedad catastrófica debido al número creciente de casos [1].

La albuminuria y la reducción de la tasa de filtración glomerular son criterios diagnósticos para la enfermedad renal crónica. Se asoció con el 4% de las muertes en todo el mundo, es decir, 2.2 millones de muertes, mientras que, en México se reportó una mortalidad de ERC del 12.2%, o sea que, por cada 100 mil habitantes, 51.4 muertes son a causa de enfermedad renal crónica [2].

Este padecimiento tiene un impacto indirecto en la morbilidad y mortalidad global, en muchos de estos casos la mortalidad se ve aumentada si los pacientes que reciben tratamiento sustitutivo, cómo hemodiálisis que desarrollan malnutrición y desnutrición. Por lo tanto, la desnutrición es un problema de salud muy frecuente en los pacientes con enfermedad renal crónica en tratamiento de hemodiálisis. Una forma de prevenir la malnutrición es identificar aquellos pacientes que se encuentran con riesgo nutricional, esto mediante tamizajes específicos [3].

La repercusión que tiene la desnutrición o malnutrición sobre la morbimortalidad en estos pacientes, se debe realizar se debe realizar una evaluación de la composición corporal, para detectar a pacientes en riesgo y realizar la intervención nutricional que consiga revertir la situación. De esta forma evitar las consecuencias negativas a la salud, a corto y largo plazo en el tratamiento de hemodiálisis, y los cambios negativos en la composición corporal de los pacientes con enfermedad renal crónica [3].

1. Marco teórico

Capítulo 1 Composición corporal

1.1 Definición

La definición de composición corporal según Wang et al se refiere como aquella rama de la biología humana que se encarga del análisis y la cuantificación in vivo de los componentes corporales, las relaciones cuantitativas entre los componentes y los cambios cuantitativos en los mismos, relacionados con factores influyentes [4].

Por lo tanto, la composición corporal resulta ser imprescindible para asimilar efectos de la dieta, el ejercicio físico, la enfermedad, estilo de vida de las personas, y factores ambientales presentes sobre nuestro organismo [4].

1.2 Componentes

1.2.1 Masa muscular

Las reservas de masa muscular pueden arrojar datos importantes del estado de nutrición y desnutrición, que puede agravar el estado de salud cuando esta reserva es menor. Por consecuencia la medición de la masa muscular es importante en la aplicación clínica, también lo es conocer los diferentes métodos de evaluación muscular, y con ello establecer una relación directa con el estado de salud [5].

Los pacientes que tienen indicado tratamiento sustitutivo como la hemodiálisis, se caracterizan por una gran y rápida pérdida de masa muscular, eso se debe, entre varios factores, a la alteración del metabolismo, principalmente de la urea, que lleva a la afectación de las fibras musculares y de tejido musculoesquelético, que con el tiempo causara la aparición de sintomatología como fatiga, debilidad y calambres [5].

1.2.2 Masa grasa

La composición corporal de un individuo está sujeta a la constante de factores ambientales y en distintas facetas de la relación salud-enfermedad. Los pacientes con enfermedad renal crónica en hemodiálisis presentan diversas alteraciones hidroelectrolíticas y metabólicas, que están asociadas a la propia terapia, representando un fuerte impacto en su composición corporal y consecuentemente en el estado nutricional [6].

La grasa corporal tiene un comportamiento diferenciado según el sexo del paciente. Se clasifica en: subcutánea, retroperitoneal, intraabdominal e intramuscular. Del 50 al 60% de la grasa corporal se concentra en los planos subcutáneos, lo que permite entonces su estimación a partir de la medición de los pliegues [7].

La mejor manera posible que se tiene para medir la adiposidad visceral en pacientes con enfermedad renal crónica, y que se encuentren en terapia sustitutiva como diálisis no es concluyente. La circunferencia de la cintura y la relación cintura altura se usan comúnmente en pacientes de diálisis para evaluar la grasa visceral, y el probable índice de mortalidad en pacientes de hemodiálisis [8].

1.2.3 Masa ósea

La enfermedad renal crónica está asociada a diversas comorbilidades que aparecen a lo largo del proceso. Uno de los problemas más relevantes es la alteración del metabolismo óseo y mineral que es provocada desde los primeros estadios el deterioro de la resistencia esquelética. Existen datos de incidencia de fractura de cadera aumenta de manera inversa a la cifra de filtrado glomerular estimado. La osteoporosis, es una de las enfermedades más comunes prevalente en la población de edad avanzada, en la insuficiencia renal es extraordinariamente frecuente [9].

A este conjunto de trastornos se le acuña el término "trastorno mineral y óseo asociado a la enfermedad renal crónica" y se define como el conjunto de alteraciones sistémicas del metabolismo óseo y mineral que son consecuencia de la ERC. Se presentan anormalidades en los niveles de calcio (Ca), fósforo (P), hormona paratiroidea (PTH) y/o vitamina D (VD); alteraciones en el remodelado, mineralización, volumen, crecimiento o resistencia del esqueleto, y calcificaciones vasculares o de otros tejidos blandos [9].

El ejemplo más claro del trastorno mineral y óseo asociado a la enfermedad renal crónica, es el hiperparatiroidismo (PTH) comienza a elevarse desde los estadios iniciales, los niveles de Ca y P séricos suelen mantenerse normales hasta valores de FG por debajo de 40 [9].

1.2.4 Agua

La bioimpedancia eléctrica, brinda datos de la cantidad de agua presente en el cuerpo. En pacientes con enfermedad renal crónica es básico conocer el cociente agua extracelular/intracelular y la tolerancia la ultrafiltración, complementándose con parámetros bioquímicos [10].

Existe evidencia de que los parámetros de ángulo de fase, agua extracelular/intracelular y el estado de hiperhidratación, se consideran como parámetros de mortalidad cuando aparecen alterados. Por tal motivo, en pacientes incidentes en hemodiálisis puede ayudar a conservar la función renal, evitando ultrafiltración excesiva [10].

1.2.5 Ángulo de fase

El ángulo de fase es el parámetro de la bioimpedancia utilizado como un indicador nutricional e indicador de pronóstico que puede variar en diferentes condiciones clínicas. Refleja la razón entre la reactancia y el efecto resistivo producido por membranas celulares, es decir, capacidad de resistencia y restricción al flujo de una corriente eléctrica a través del cuerpo [11].

 Expresa cambios en la cantidad y la calidad de la masa de los tejidos blandos. Los valores bajos del AF están significativamente asociados a riesgo nutricional y aumento de la mortalidad, por lo tanto, puede ser una herramienta importante para evaluar el resultado clínico o para evaluar la progresión de la enfermedad y este puede ser superior a otros indicadores nutricionales, bioquímicos o antropométricos [11].

Capitulo 2 Métodos de medición

2.1 Antropometría

2.1.1 Definición

La antropometría, es la disciplina que describe las diferencias cuantitativas de las medidas del cuerpo humano, además, se encarga de estudiar las dimensiones del cuerpo humano, considerando como referencia las estructuras anatómicas. La antropometría es útil para a describir las características físicas de una persona. Tiene la principal ventaja de que es sencilla y economía, pero su mayor inconveniente es, que su precisión, se puede ver afectada si no la realiza una persona previamente capacitada, con los conocimientos necesarios para realizar la técnica de manera correcta [12].

2.2 Bioimpedancia
2.2.1 Definición

La bioimpedancia es una técnica que se usa para medir la composición corporal del cuerpo humano, esta se basa en la capacidad para conducir una corriente eléctrica. Nos permite medir los parámetros bio-eléctricos en sistemas biológicos y con ello obtener datos específicos y precisos de la composición corporal del individuo [13].

De esta forma, mide la impedancia del cuerpo a una corriente eléctrica alterna de características conocidas, siendo esta la resultante de la resistencia que mide estado de hidratación y la reactancia midiendo fundamentalmente el estado nutricional [13].
Se emplea en la valoración de la composición corporal desde hace varias décadas, pero a lo largo de este tiempo, los instrumentos para su análisis han ido mejorando de forma muy significativa. Es una herramienta de mucha utilidad en el tratamiento de los pacientes con enfermedad renal crónica. Debería incorporarse en todas las unidades de tratamiento, debido a la información que proporciona, además porque es de fácil uso, la inmediatez de resultados, y el costo bajo [13].

Capítulo 3 Hemodiálisis
3.1 Definición

La enfermedad renal, se produce cuando los riñones no son capaces de eliminar los productos finales del metabolismo presentes en la sangre, por lo tanto. La hemodiálisis se define como, un procedimiento médico terapéutico sustitutivo, es un procedimiento invasivo, de sustitución de la función renal que permite extraer los productos tóxicos generados por el organismo, estos productos se han acumulado en la sangre, como consecuencia de una insuficiencia renal. La hemodiálisis está indicada solo si se conserva entre 10 a 15% de la función renal [14].

El procedimiento de hemodiálisis se realiza por medio de una maquina y filtros especiales, utiliza la circulación extracorpórea de la sangre de un paciente con enfermedad renal crónica, para mejorar la azotemia, líquidos, electrolitos y anomalías ácido-base característica del síndrome urémico [15].

La hemodiálisis es una terapia sustitutiva utilizada para el tratamiento de la insuficiencia renal aguda y crónica. La hemodiálisis es un procedimiento que requiere el uso de equipos de alta tecnología y sofisticados, además que, debe ser únicamente operado por personal con capacitación especial para realizar, controlar y garantizar la integridad y seguridad del procedimiento en cada uno de los pacientes en estado crítico [16].

3.2 Indicaciones

El tratamiento con diálisis o hemodiálisis, en pacientes debe ser ofrecido a todos los pacientes que requieran de un tratamiento de sustitución renal necesario para perseverar su vida, y que con base en ello contribuya a prolongar una vida de calidad suficiente, excluyendo el tratamiento para prolongar un proceso mortal [17].

3.3 Complicaciones

La hemodiálisis implica riesgos de reacciones adversas infecciosas y no infecciosas, tanto por factores propios del paciente como derivados del procedimiento. Entre los factores propios del paciente, las patologías que están presentes son la diabetes y cardiopatías [18].

- Hipotensión arterial. Es una de las complicaciones más frecuentes de la sesión de hemodiálisis. Suele ser secundaria a una mala respuesta hemodinámica, depleción del volumen, ultra filtración excesiva, niveles bajos de sodio en el concentrado de diálisis, anemia, entre otras.
- Cefalea. Las posibles causas de la cefalea intradiálisis son: características inadecuadas de hemodiálisis, tipo de membrana, elevado flujo sanguíneo, horas de diálisis, e hipertensión arterial.
- Dolor precordial y trastornos del ritmo cardiaco. Pueden aparecer episodios anginosos cuando un paciente inicia una sesión de hemodiálisis ya que esta supone una reducción del volumen sanguíneo y un aumento del gasto cardiaco.
- Hipertensión arterial. Debe ser bien controlada, ya que se trata de pacientes anticoagulados en los que existe riesgo potencial de accidente cerebrovascular.

- Calambres. Causado por la baja concentración de sodio en el líquido de diálisis.
- Náuseas y vómito. Suele ser una complicación asociada a la hipotensión, intolerancia a la ingesta, síndrome de desequilibrio dialítico y uremia elevada.
- Prurito. Está relacionado con la osteodistrofia renal y los niveles altos de fosforo en la sangre; puede aparecer de forma local, provocado por alergia a la solución desinfectante utilizada [18].

3.4 Evolución y modificaciones

La hemodiálisis proporciona la supervivencia del paciente renal crónico. Sin embargo, esta terapia afecta el estado de salud de los pacientes imponiendo restricciones hídricas y alimentarias, un esquema medicamentoso continuo y la dependencia de la hemodiálisis, que limita sus actividades de vida diaria debido a la propia enfermedad [19].

Asociado a esto, la enfermedad renal crónica provoca cambios en la composición corporal de los pacientes, en medida que progresa el tratamiento por diversas razones, pero principalmente por los estragos que causa la terapia con hemodiálisis y por causas propias de la enfermedad [19].

Está bien definido que la estructura corporal y estado nutricional se altera en los pacientes con ERC, debido al desgaste proteico-energético asociado al estado inflamatorio e hídrico, al encontrar desnutrición proteico-calórica se deben vigilar los demás parámetros, ya que es frecuente encontrar la pérdida de masa grasa y masa libre de grasa, que tiene un impacto negativo en el estado nutricional de los pacientes con hemodiálisis [20].

Estas pérdidas son más notables y peligrosas en medida que el tiempo del tratamiento de la sustitución de la función renal avanza, potencializando el riesgo de desnutrición, malnutrición e incrementando el riesgo de la mortalidad de dichos pacientes [20].

Capítulo 4 Enfermedad Renal Crónica

4.1 Definición

La enfermedad renal crónica es un síndrome secundario a la alteración definitiva de la función y estructura del riñón se caracteriza por ser irreversible y de evolución lenta y progresiva. También se define como una disminución de la función renal, expresada por la tasa de filtración glomerular o por un aclaramiento de creatinina estimados < 60 ml/min/1,73 m², o como la presencia de daño renal de forma persistente durante al menos 3 meses [21].

El daño renal se diagnostica habitualmente mediante marcadores en vez de por una biopsia renal por lo que el diagnóstico de ERC, ya se establezca por un FG disminuido o por marcadores de daño renal, puede realizarse sin conocimiento de la causa. El principal marcador de daño renal es una excreción urinaria de albúmina o proteínas elevada [22].

4.2 Etiología

Las principales causas de la ERC incluyen diabetes, hipertensión, glomerulonefritis crónica, pielonefritis crónica, uso crónico de medicamentos antiinflamatorios, enfermedades autoinmunes, poliquistosis renal, enfermedad de Alport, malformaciones congénitas y enfermedad renal aguda prolongada [22].

4.3 Prevalencia

La enfermedad renal crónica, es altamente prevalente, además se asocia con un mayor riesgo de enfermedad cardiovascular, gravedad y muerte. De hecho, los datos globales de 2013 mostraron que la reducción de la tasa de filtración glomerular, se asoció con el 4% de las muertes en todo el mundo, es decir, 2.2 millones de muertes [23].

En México la enfermedad renal crónica causada por diabetes mellitus y por hipertensión arterial sistémica, pasaron de ser el 2.32% de todas las causas de la enfermedad, en 1990, a ser el 6.57% de todas las causas del desarrollo de enfermedad. En 1990 la enfermedad renal crónica por diabetes mellitus ocupaba el lugar 19 como causa de muerte (tasa 6.68/100 00) y la enfermedad renal crónica por hipertensión arterial sistémica el lugar 20 (tasa 6.56/100 000) [23].

En el 2015 la enfermedad renal crónica por diabetes mellitus ocupó el tercer lugar (tasa de 34.7/100 000) y la enfermedad renal crónica por hipertensión arterial sistémica, el décimo lugar (tasa de 11.98/100 000), representando una progresión en 25 años de 82.77% para la ERC/HAS y del 419.34% para la ERC/DM como lo explica la siguiente figura [23].

Figura 1. Progresión de la ERC en México de 1990 a 2015 por las principales causas, por grupos de edad para ambos géneros

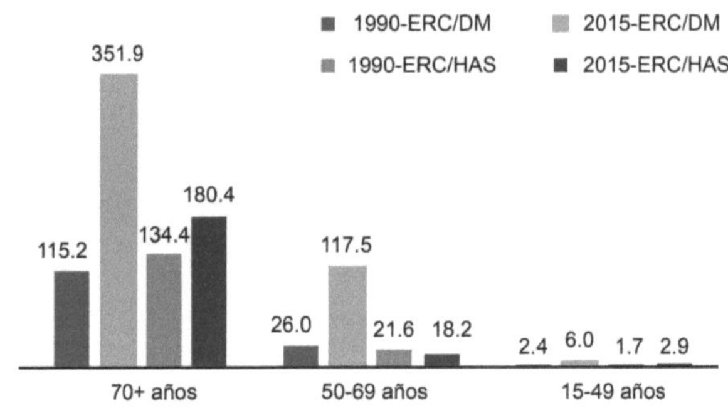

Fuente: Revista Médica del Instituto Mexicano del Seguro Social [23].

4.4 Estadios de la enfermedad

El sistema de estadificación que se usa en la enfermedad renal crónica es una herramienta que ayuda al personal de salud a determinar el método y la intensidad del monitoreo que se llevara a cabo durante el proceso de a atención a los pacientes con enfermedad renal crónica. Además, es una herramienta útil para lograr una predicción de riesgo más precisa para pacientes, por medio del desarrollo y aplicación de implementos de predicción de riesgo [24].

Asimismo, la tasa de la filtración glomerular, la albuminuria, la principal causa de la enfermedad renal, junto como otros factores de riesgo (como la edad, el sexo, la raza, los niveles de colesterol, diabetes, hipertensión), también deben considerarse para la estimación del pronóstico [24]. La enfermedad renal crónica se clasifica principalmente en cinco estadios, que a continuación serán mencionados en la siguiente figura [24].

Tabla 1. Clasificación de los estadios de la enfermedad renal crónica

Estadio	Descripción	FG (ml/min/1,73 m^2)
----	Riesgo aumentado de ERC	$\geq$ 60 con factores de riesgo*
1	Daño renal † con FG normal	$\geq$ 90
2	Daño renal † con FG ligeramente disminuido	60-89
3	FG moderadamente disminuido	30-59
4	FG gravemente disminuido	15-29
5	Fallo renal	< 15 ó diálisis

FG, filtrado glomerular.

* **Factores de riesgo de ERC:** edad avanzada, historia familiar de ERC, hipertensión arterial, diabetes, reducción de masa renal, bajo peso al nacer, enfermedades autoinmunes y sistémicas, infecciones urinarias, litiasis, enfermedades obstructivas de las vías urinarias bajas, uso de fármacos nefrotóxicos, razas afroamericana y otras minoritarias en Estados Unidos y bajo nivel educativo o social.

† **Daño renal:** alteraciones patológicas o marcadores de daño, fundamentalmente una proteinuria/albuminuria persistente (índice albúmina/creatinina > 30 mg/g aunque se han propuesto cortes sexo-específicos en > 17 mg/g en varones y 25 mg/g en mujeres); otros marcadores pueden ser las alteraciones en el sedimento urinario y alteraciones morfológicas en las pruebas de imagen.

Fuente: KDOQI 2002 [24].

El estadio 1, se caracteriza por daño renal con filtración glomerular normal o en aumentado (FG 90 ml/min/1,73 m2). En este estadio podemos encontrar datos representativos como microalbuminuria o proteinuria, acompañada de tasa de filtración glomerular normal. Además, se puede acompañar de un hallazgo ecográfico de enfermedad poliquística con tasa de filtración glomerular [24].

El estadio 2 corresponde a presencia de daño renal acompañado de una reducción ligera de tasa de la filtración glomerular (entre 60 y 89 ml/min/1,73 m2). La detección de la tasa de filtrado glomerular se presenta ligeramente disminuida, esto se puede encontrar frecuentemente en personas de la tercera edad.

Según evidencia de la tercera edición de la Nacional Meath and Nutrition Examinación Survey se reporta que, aproximadamente el 75% de los individuos mayores de 70 años presentan una tasa de filtración glomerular, con una estimación de < 90 ml/min/1,73 m2 [24].

Es por esto que, la tasa de filtración glomerular levemente reducida nos debe conducir a descartar datos de daño renal, principalmente la microalbuminuria o proteinuria, esto por medio de la realización del cociente albúmina/creatinina en una muestra aislada de orina y alteraciones en el sedimento urinario [13]. Los casos con ERC estadios 1 y 2 pueden beneficiarse si se lleva a cabo un diagnóstico precoz y desde inicio se trata con medidas preventivas de progresión [24].

El estadio 3 de la ERC se basa en una disminución moderada de la tasa de filtración glomerular (entre 30-59 ml/min/1,73 m2). En este estadio los datos del daño renal pueden estar ausentes o presentes. Se observa un riesgo visiblemente en aumento de progresión de la enfermedad renal crónica y de complicaciones cardiovasculares. En este estadio pueden comenzar las primeras complicaciones como, anemia o las alteraciones del metabolismo fosfo-cálcico [24].

Los pacientes con ERC en estadio 3 deben ser evaluados multidisciplinariamente, principalmente desde el punto de vista cardiovascular y renal, ya que deben recibir tratamiento para la prevención y, para las complicaciones que se detecten.
El estadio 4 es una disminución grave de la tasa de filtración glomerular (entre 15 y 29 ml/min/1,73 m2). Se tiene riesgo de progresión al estadio 5, y en especial, aumenta el riesgo de complicaciones cardio-vasculares. Es muy importante el acercamiento con el nefrólogo, pues en este estadio, además de llevar un tratamiento específico se deberá valorar la preparación para el tratamiento renal sustitutivo. La valoración de la indicación del tratamiento renal sustitutivo es de elección definitiva, especialmente cuando se presentan síntomas o signos urémicos y de azotemia. En la enfermedad renal crónica no es posible revertir el daño renal, pero si aplazar más el tiempo de evolución y alterar el pronóstico, como se puede observar en la siguiente tabla se relaciona la tasa de filtración glomerular con la albumina sérica [24]

Tabla 2. Pronóstico de la enfermedad renal crónica según las categorías de filtrado glomerular y de albuminuria

KDIGO 2012			Albuminuria Categorías, descripción y rangos		
			A1	A2	A3
Filtrado glomerular Categorías, descripción y rangos (ml/min/1,73 m²)			Normal a ligeramente elevada	Moderadamente elevada	Gravemente elevada
			< 30 mg/g[a]	30-300 mg/g[a]	> 300 mg/g[a]
G1	Normal o elevado	≥ 90			
G2	Ligeramente disminuido	60-89			
G3a	Ligera a moderadamente disminuido	45-59			
G3b	Moderada a gravemente disminuido	30-44			
G4	Gravemente disminuido	15-29			
G5	Fallo renal	< 15			

Fuente: KDIGO [24].

4.5 Estado nutricional del paciente con enfermedad renal crónica

Existe una alta prevalencia de desnutrición en pacientes con insuficiencia renal, que tiene repercusión en la morbimortalidad y mortalidad principalmente por causas cardiovasculares. La mortalidad cardiovascular se relaciona con la alta prevalencia de factores de riesgo, sumado al efecto nocivo de la reacción inflamatoria presente en el endotelio, la ateromatosis acelerada, conjunto de padecimientos nombrados MIA (malnutrición, inflamación, ateromatosis) [25].

La causa principal se debe a la disminución de la ingesta, de causa multifactorial, se atribuyen niveles elevados de leptina, debido al aclaramiento renal disminuido. Las restricciones dietéticas como, la dieta sin sal, baja en potasio, restricción en la ingesta de líquidos, hacen que la comida sea poco apetecible. La dispepsia que es causada por la polimedicación, la disgeusia de la uremia y la gastroparesia, que se encuentra especialmente pacientes con diabetes, también contribuyen negativamente [25].

Entre las alteraciones digestivas también se incluyen, una menor secreción de ácido gástrico y un cierto grado de insuficiencia pancreática con malabsorción de grasa. La distensión abdominal y la absorción continua de glucosa del peritoneo contribuyen a la anorexia. Por lo tanto, se concluye que la causa de la desnutrición en pacientes con enfermedad renal crónica en tratamiento con hemodiálisis se debe a la sintomatología presente en los pacientes, como causa y consecuencia de la propia enfermedad renal crónica [25].

2. Planteamiento del Problema

La enfermedad renal crónica es un problema de salud pública, actualmente afecta alrededor de 850 millones de personas en todo el mundo y la cifra de incidencia anual en México es de 45 mil individuos, cifra que se traduce a 346 por millón de habitantes. La prevalencia en México es de mil 447 personas por millón de habitantes. La población adulta que padece ERC secundaria a diabetes en México, etapas 1 a 3, aproximadamente 6.2 millones. Debe ser tratada por un equipo multidisciplinario que incluya, médicos generales, familiares, médicos internistas, nutriólogos, psicólogos y expertos en activación física y, de acuerdo con un protocolo de atención en clínicas de medicina familiar, centros de salud y consultorios [26].

Las complicaciones de la enfermedad renal crónica van a depender del estadio en la que esta se encuentre, pero se debe tener en cuenta que es una enfermedad progresiva y que los tratamientos de reemplazo de la función renal son altamente invasivos, la hemodiálisis es el tratamiento de elección cuando la función renal esta comprometida y se pretende conservar la calidad de vida del paciente. Al ser un tratamiento invasivo tiene un efecto negativo en la composición corporal del paciente, sumando un riesgo importante de malnutrición y en la mayoría de los casos desnutrición, la prevalencia de malnutrición en ERC está estimada entre el 50-70% [26].

Por lo tanto, es imprescindible conservar un buen estado de nutrición en cuanto a la composición corporal se refiere, debido a que, las reservas de tejido muscular, graso y óseo son factores determinantes en la evolución del paciente con hemodiálisis, la bioimpedancia eléctrica, es un método sencillo, y de fácil manejo que permite monitorizar el estado de hidratación, malnutrición e inflamación en enfermedad renal crónica [27].

Las guías de nutrición para pacientes con enfermedad renal crónica proponen una modificación; aumento o reducción de la ingestión de nutrimentos en específico, dependiendo generalmente del estadio de la enfermedad y de la tasa de filtrado glomerular. En los cambios de la ingesta energética varia de 35 a 45 kcal/kg de peso al día, mientras que la ingesta proteica es 0,6 g proteínas/kg de peso/día, la ingesta proteica proporciona los requerimientos mínimos diarios la producción de urea y otros compuestos nitrogenados disminuyen y, como consecuencia se alcanza un balance nitrogenado neutro y menores niveles de nitrógeno ureico. Si se sigue el plan de alimentación se garantiza la prevención de malnutrición o desnutrición en el paciente, de esta forma, disminuyendo los riesgos de mortalidad [27].

Sin embargo, estos tratamientos no se ejecutan en el ámbito hospitalario público, ya que no se cuentan con los recursos económicos para brindar un tratamiento completo. Mientras que, dentro de los hogares de los pacientes, los familiares encuentran muchas limitantes para poder cumplir con el plan de alimentación, ya sean de tipo económico, social y principalmente, tienen un conocimiento deficiente sobre las pautas nutricionales. El tratamiento nutricional para pacientes con ERC debería incluir valoración nutricional, educación y una planificación y seguimiento nutricional [27].

Por lo anteriormente mencionado se tratará de resolver la siguiente pregunta ¿Cuál es la relación que existe entre la composición corporal y el tiempo de tratamiento de hemodiálisis de los pacientes con enfermedad renal crónica?

3. Justificación

La enfermedad renal crónica se ha convertido en una patología que ha pasado de ser una enfermedad grave que afectaba a pocos individuos y que debía ser atendida en un tercer nivel de atención médica especializada, esta patología que, en México, presenta incidencia en aumento. Por ello, el abordaje de este problema debe comenzar con el conocimiento global y las características clínicas para poder así contribuir a la detección precoz y posteriormente implementar las medidas necesarias para prevenir o retrasar su evolución [28].

La falta de adherencia al tratamiento nutricional en las enfermedades crónicas es un problema grave de salud pública, para la mayoría de los pacientes es un proceso de adaptación a nuevo estilo de vida. Los programas sociales de salud tienen poco apoyo para los pacientes con ERC. Por estas razones resulta ser complicado de llevar a cabo debido a la existencia de diversos factores relacionados con el paciente y con el sistema de salud que ejercen influencia sobre la acción de adherencia [29].

En tratamientos invasivos como lo es la hemodiálisis, la adherencia se verá influenciada por diversos factores como la economía del paciente, edad, sexo, nivel educativo, estado civil, tiempo de diagnóstico, y si cuenta o no con redes de apoyo o familiares. La composición corporal es una herramienta que servirá durante cada etapa de la enfermedad para evaluar riesgo precoz de complicaciones y comorbilidades que pongan en riesgo la vida del paciente [29].

Si bien, se ve muchas veces afectada la adherencia, se debe tener en cuenta la presencia de desnutrición que suele acompañar tanto al progreso de la enfermedad como también al del tratamiento, Por lo tanto, la composición corporal en pacientes que reciben tratamiento de hemodiálisis se encuentra estrechamente relacionada con la calidad de vida del paciente, el riesgo de morbi-mortalidad y las estrategias de prevención ante los riesgos.

Con base en el conjunto de razones anteriormente mencionadas, la presente investigación tiene como objetivo, proporcionar información útil a cerca del tema, debido a la importancia de los cambios en la composición corporal durante el tiempo del tratamiento de hemodiálisis en los pacientes con enfermedad renal cónica [29].

4. Objetivos:

General:

- Analizar relación que existe entre la composición corporal y el tiempo de tratamiento de hemodiálisis en pacientes con enfermedad renal crónica.

Específicos:

- Evaluar la composición corporal de los pacientes con enfermedad renal crónica.
- Conocer el tiempo de tratamiento de hemodiálisis en los pacientes.
- Comprobar la relación entre los cambios en la composición corporal y el tiempo del tratamiento de hemodiálisis en pacientes con enfermedad renal crónica.

5. Hipótesis:

Hipótesis de investigación:

A mayor tiempo de tratamiento de hemodiálisis menor cantidad de masa muscular en la composición corporal

Hipótesis nula:

El porcentaje de masa muscular mantendrá niveles normales independientemente al tiempo de tratamiento de hemodiálisis.

Hipótesis alterna:

Únicamente la masa grasa presentará valores inferiores a mayor tiempo de hemodiálisis

6. Material y Métodos:

6.1 Diseño de Estudio

El presente estudio fue de tipo observacional, analítico, transversal y retrospectivo.

Observacional: No hubo manipulación de variables

Analítico: Se relacionó el tiempo de tratamiento con la composición corporal

Transversal: Se realizó una sola medición de la composición corporal

Retrospectivo: Se generó una base de datos conforme se realizó la investigación

6.2 Operacionalización de variables

Variable	Definición Teórica	Definición Operativa	Nivel de Medición	Tipo de variable	ITEMS
Tiempo de hemodiálisis	Terapia sustitutiva utilizada para el tratamiento de la insuficiencia renal aguda y crónica.	Años de tratamiento recibidos por el paciente	Meses	Cuantitativa Discreta	3
Sexo	Características biológicas y fisiológicas que definen a hombres y mujeres.	Diferencias entre hombres y mujeres	Hombre y mujer	Cualitativa nominal	2
Edad	Tiempo que ha vivido una persona u otro ser vivo contando desde su nacimiento	Numero de años de vida	Años de vida	Cuantitativa Discreta	1
Masa muscular	Volumen del tejido corporal que corresponde al musculo	Porcentaje de densidad muscular al inicio y final del estudio	Porcentaje	Cuantitativa Continua	4
Masa grasa	Totalidad de lípidos presentes en el cuerpo	Porcentaje de masa grasa al inicio y final del estudio	Porcentaje	Cuantitativa Continua	5
Masa ósea	Cantidad de minerales que contiene cierto volumen de hueso	Porcentaje de masa ósea al inicio y final del estudio	Porcentaje	Cuantitativa Continua	6
Angulo de fase	Parámetro de la bioimpedancia establecido para el diagnóstico de la desnutrición y el pronóstico clínico	Parámetro que mide desnutrición e indicador de morbi mortalidad	Percentil	Cuantitativa Continua	7

6.3   Población y muestra

Tamaño de muestra y tipo de muestreo

La presente investigación se realizó en la clínica Servicios Especializados en Nefrología Toluca, SENETO clínica Metepec, contando con un total de 80 pacientes con enfermedad renal crónica que recibieron tratamiento de hemodiálisis.

Con un índice de confianza del 95% un margen de error del 5%, utilizando máxima variabilidad y dado que el tamaño de la población fue de 80 personas, la muestra resultante fue de 66 pacientes, posterior a la aplicación de los criterios de selección la muestra final fue de 55 pacientes seleccionados a través de un muestreo no probabilístico a conveniencia.

La fórmula se describe a continuación:

$$\frac{Z^2 * N * p * q}{e^2 *(N\text{-}1) + (Z^2 * p * q)} = 66$$

6.4   Criterios de selección

6.4.1 Criterios inclusión

Pacientes con enfermedad renal crónica que reciban tratamiento de hemodiálisis en un rango máximo de tres años.

Pacientes que reciban hemodiálisis en la clínica SENETO, sucursal Metepec.

Pacientes de ambos sexos.

Pacientes de 20 a 60 años.

6.4.2 Criterios exclusión

Pacientes con alguna amputación de extremidades

Pacientes con condiciones físicas que les impida permanecer de pie

Pacientes con marcapasos

Pacientes con diagnostico de artritis reumatoide que impida o limite la movilidad.

Pacientes con edema godet +++

6.4.3 Criterios eliminación

Pacientes que desistan de la participación en el estudio

Pacientes de los cuales se obtengan datos aberrantes

Pacientes en los cuales la bascula arroje datos incompletos

Pacientes mujeres que se encuentren en su periodo de menstruación al momento de la medición

6.5   Instrumento de recolección de datos

Se utilizo la bascula de bioimpedancia marca SECA mBCA 514 con una capacidad máxima de 300 kg, con dimensiones (AxAxP): 976x1251x828 mm que divide el peso en varios de los componentes como: Masa grasa, masa muscular esquelética, grasa visceral, agua corporal total, y ángulo de fase. Esta herramienta ha sido validad en varios estudios clínicos porque imparte patrones de oro de referencia medica científica.

6.6   Técnica de recolección de datos

El primer contacto que tuvo con la persona, fue preguntar si recuerda hace cuanto tiempo empezó a recibir tratamiento de hemodiálisis y posteriormente se realizó la bioimpedancia.

El paciente debió haber cumplido con las siguientes características para el estudio:

- Debió estar en ayuno: no haber comido en las últimas 3-4 horas. El estómago debió estar vacío.
- No bañarse antes de realizar el estudio.
- Orinar antes de entrar al consultorio.
- Las mujeres no debieron estar menstruando.
- Evitar tomar diuréticos, cafeína o té.
- No haber hecho ejercicios extenuantes 12 horas previas al estudio.
- El paciente debió permanecer de pie y sin moverse durante el tiempo que se realice el estudio.

Técnica de toma de bioimpedancia

1. Se debió preguntar al paciente si tiene alguna condición que le impida realizar el estudio (placas, marcapasos, tornillos etc.)
2. El paciente se debió retirar prendas gruesas
3. El paciente debió retirar calzado y calcetines
4. El paciente debió subir a la SECA sin ningún objeto metálico
5. El paciente debió estar en la posición adecuada tocando los electrones con ambos pies y ambas manos
6. El paciente debió estar sin moverse durante la duración del estudio (1 minuto aproximadamente)

6.7   Procedimiento

1. Solicitud de autorización: Se solicitó la autorización a la clínica Servicios Especializados en Nefrología Toluca (SENETO), clínica Metepec de aplicar la presente investigación dentro de sus instalaciones, por medio de una carta escrita dirigida al director de la institución. (Ver anexo 1)

2. Identificación de pacientes: Una vez autorizada la investigación dentro de las instalaciones, se procedió a identificar a aquellos pacientes que cumplieron con los criterios de aceptación.

3. Firma de consentimiento: Posteriormente a los pacientes que aceptaron participar en el estudio se proporcionó un consentimiento informado aviso de confidencialidad escrito a los pacientes, el cual al firmar aceptaron el uso de sus datos médicos exclusivamente para fines de investigación académica.

4. Aplicación de instrumentos: Se procedió a la toma de bioimpedancia a aquellos pacientes que cumplieron con los requisitos de inclusión para el estudio.

5. Recolección y análisis de datos: Una vez aplicados los instrumentos se procedió a recolectar en una base de datos digital para su posterior análisis en SPS.

6. Presentación de resultados: Finalmente los resultados del estudio fueron presentados a docentes e investigadores de la institución y personal directivo de la clínica Servicios Especializados en Nefrología Toluca (SENETO)

6.8   Implicaciones bioéticas

Toda la información obtenida en la presente investigación será completamente confidencial y usada únicamente para fines académicos

El presente estudio se apegará al profesionalismo y ética médica, dentro del marco legal que establece el IMSS así como las leyes que rigen a los sistemas de salud

a) Constitución Política de los Estados Unidos Mexicanos, artículo 4° En el Diario Oficial de la Federación el 6 de abril de 1990.

b) Ley General de Salud, publicada en el Diario Oficial de la Federación en 1984, en sus artículos, 2° Fracción VII, 7°, fracción VIII, 68° Fracción IV, 96, 103, 115, fracción V; 119 fracción I, 141, 160, 164, 168, fracción VI, 174, fracción I, 186, 189, fracción 1, 238, 321 y 334, tipo de estudio I

c) Reglamento de La Ley General de Salud en materia de Investigación en el Diario Oficial de la Federación, el 6 de enero de 1987.

d) El acuerdo por el que se dispone el establecimiento de Coordinadores de Proyectos Prioritarios de Salud, publicado en el Diario Oficial de la Federación el 24 de octubre de 1984.

e) El presente estudio se llevará acabo de acuerdo con los principios de la Declaración de Helsinki en investigación biomédica adoptada conforme reglamentos y regulaciones de la secretaria de Salud en materia de investigación clínica

f) Para la realización del estudio se realizará una carta de confidencialidad para salvaguardar los datos de las pacientes estudiadas

6.9   Procesamiento de datos

Se analizó la distribución de las variables cuantitativas se utilizaron medidas de tendencia central (media) y de dispersión (rangos mínimos, máximos y DE) y para las variables cualitativas, frecuencias y porcentajes.

Para analizar la relación que existe entre la composición corporal y el tiempo de tratamiento de sustitución de la función renal (hemodiálisis) en pacientes con enfermedad renal crónica, se utilizó la prueba estadística P de pearson y anova de un factor.

Todos los datos fueron analizados a través del paquete estadístico SPSS versión 25 y los resultados fueron presentados en tablas y graficas para una mejor interpretación.

7. Resultados

Tabla 3. Distribución del sexo

Distribución de sexo	Frecuencia	Porcentaje
Mujer	25	45.5
Hombre	30	54.5

En la tabla 1 Distribución del sexo se observa que el porcentaje de los pacientes estudiados es del 54.5% de hombres (n=30) y de mujer 45.5% (n=25).

Tabla 4. Distribución de la edad

Distribución de la edad	Mínimo	Máximo	Media	DE
Años	24	60	43	12.09

En la tabla 2 Distribución de la edad se observa que el promedio de edad de los pacientes estudiados fue de 43 años, mientras que la edad mínima de 24 y la máxima de 60 años.

Tabla 5. Duración del tratamiento de hemodiálisis

Tiempo de hemodiálisis	Frecuencia	Porcentaje
Reciente	24	43.6
Moderado	23	41.8
Mayor	8	14.5

En la tabla 3 Duración del tiempo de tratamiento de hemodiálisis se describe el porcentaje del tiempo de tratamiento de hemodiálisis en los pacientes estudiados, el tiempo reciente de tratamiento es del 43.6% (n=24) y el tiempo mayor de tratamiento 14.5% (n=8). Lo que se clasifico como tiempo reciente de 1 a 11 meses de tratamiento, tiempo moderado 12 a 22 meses y tiempo mayor de tratamiento de 23 a 36 meses.

Tabla 6. Distribución de tiempo de tratamiento de hemodiálisis

Distribución de tiempo	Mínimo	Máximo	Media	DE
Tiempo HD	1.00	36.00	15.94	8.52

En la tabla 4 Distribución del tiempo de tratamiento de hemodiálisis se observa que el tiempo de tratamiento de hemodiálisis en promedio es de 15.94 meses, el tiempo mínimo 1 mes y el tiempo máximo 36 meses.

Tabla 7. Descripción de la composición corporal de los pacientes estudiados

Componente	Mínimo	Máximo	Media	DE
AF	2.2°	7.3°	4.5°	1.2
MG	13.0	49.0	29.7%	9.5
MMT	15.40	42.6	29.3%	6.3
MM	51.0	87.0	70.2%	9.5

MM: masa magra MMT: masa muscular total MG: masa grasa AF: ángulo de fase

En la tabla 5 Descripción de la composición corporal de los pacientes estudiados se describen los datos recabados de la composición corporal de los pacientes estudiados, en promedio el AF es de 4.5, teniendo como valor mínimo 2.2 y valor máximo 7.3. En cuanto MG el promedio es de 29.7 teniendo como valor mínimo 13.0 y valor máximo 49.0. En MMT el promedio es de 29.3, mientras que el valor mínimo es de 15.4 y el valor máximo 42.6. En cuanto a MM el porcentaje es de 70.2, el valor mínimo 51 y el valor máximo 87.0.

Tabla 6. Diferencias del ángulo de fase con el tiempo de evolución del tratamiento

Tiempo	Media	DE	p*
Reciente	4.1	1.25	
Moderado	4.7	1.23	0.22
Mayor	4.9	1.27	

*Se considero un p valor < a 0.05 para la prueba estadística ANOVA de un factor

En la tabla 6 diferencias del ángulo de fase con el tiempo de evolución del tratamiento se observa que los pacientes que tuvieron un tiempo reciente de tratamiento presentaron un valor medio de 4.1° (±1.25), mientras que para los pacientes con tiempo de tratamiento moderado presentaron una media de 4.7° (±1.2), y para los pacientes con tiempo mayor de tratamiento se observó una media de 4.9° (±1.27).

Tabla 7. Diferencias de la masa grasa con el tiempo de evolución del tratamiento

Tiempo	Media	DE	p*
Reciente	29.36	10.37	
Moderado	30.41	9.68	0.89
Mayor	28.75	6.92	

*Se considero un p valor < a 0.05 para la prueba estadística ANOVA de un factor

En la tabla 7 Diferencias de la masa grasa con el tiempo de evolución del tratamiento se analiza que los pacientes con tiempo reciente de tratamiento presentaron una media de 29.36% (±10.37), los pacientes con tiempo moderado de tratamiento presentaron una media de 30.41 (±9.68), mientras que los pacientes con tiempo mayor de tratamiento un valor medio de 28.75% (±6.92).

Tabla 8. Diferencias de masa muscular total con el tiempo de evolución del tratamiento

Tiempo	Media	DE	p*
Reciente	27.71	6.64	
Moderado	30.08	6.20	0.21
Mayor	31.81	4.93	

*Se considero un p valor < a 0.05 para la prueba estadística ANOVA de un factor

En la tabla 8 Diferencias de masa muscular total con el tiempo de evolución del tratamiento se muestra que los pacientes con tiempo reciente de tratamiento presentaron una media de 27.71% (±6.64), los pacientes con tiempo moderado de tratamiento un valor medio de 30.08% (±6.20) y los pacientes con tiempo mayor de tratamiento 31.81% (±4.93).

Tabla 9. Diferencias de masa magra con el tiempo de evolución del tratamiento

Tiempo	Media	DE	p*
Reciente	70.62	10.37	
Moderado	69.57	9.68	0.89
Mayor	71.23	6.93	

*Se considero un p valor < a 0.05 para la prueba estadística ANOVA de un factor

En la tabla 9 Diferencias de masa magra con el tiempo de evolución del tratamiento se observa que los pacientes con tiempo reciente de tratamiento presentaron una media de 70.62% (±10.37), los pacientes con tiempo de tratamiento moderado un valor de 69.57% (±9.68) y los pacientes con mayor tiempo de tratamiento una media de 71.23 (±6.93).

Figura 2. Relación entre el ángulo de fase y el tiempo de tratamiento con hemodiálisis

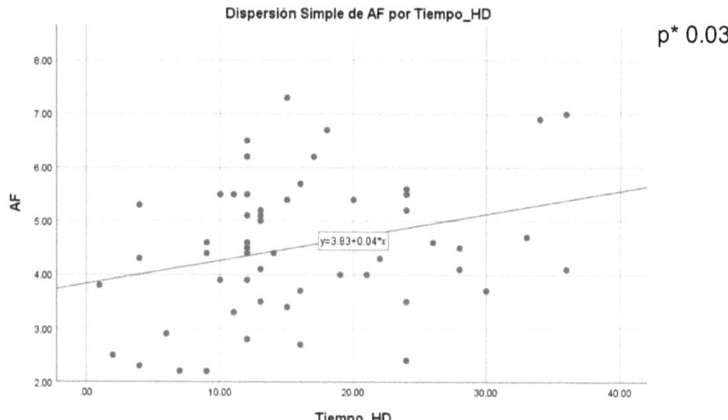

*Se considero un p valor < a 0.05 para la prueba estadística P de Pearson

La grafica 1 Relación entre el ángulo de fase y el tiempo de tratamiento con hemodiálisis se observa que si existe una relación estadísticamente significativa entre los valores del ángulo de fase y el tiempo de tratamiento con hemodiálisis (p* 0.03) a mayor sea el tiempo de tratamiento mayores serán los grados de ángulo de fase.

Figura 3. Relación entre la masa grasa y el tiempo de tratamiento con hemodiálisis

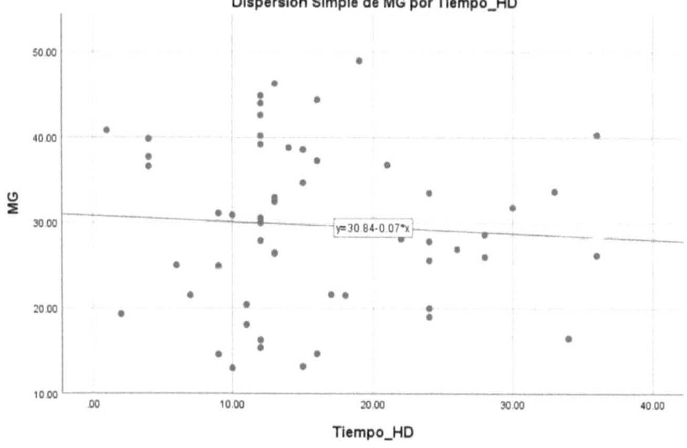

*Se considero un p valor < a 0.05 para la prueba estadística P de Pearson

En la gráfica 2 Relación entre la masa grasa y el tiempo de tratamiento con hemodiálisis se muestra que no hay una relación estadísticamente significativa entre el porcentaje de masa grasa y el tiempo de tratamiento con hemodiálisis (p* 0.64).

Figura 4. Relación entre la masa muscular total y el tiempo de tratamiento con hemodiálisis.

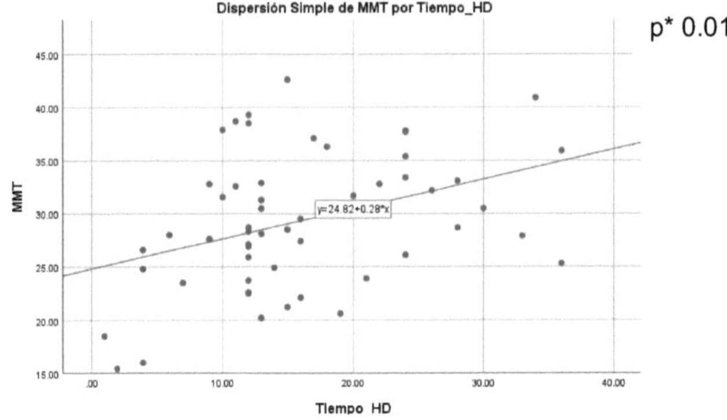

*Se considero un p valor < a 0.05 para la prueba estadística P de Pearson

En la gráfica 3 Relación entre la masa muscular total y el tiempo de tratamiento con hemodiálisis se observa que si existe una relación estadísticamente significativa entre la masa muscular total y el tiempo de tratamiento con hemodiálisis (p* 0.01) por lo tanto a mayor tiempo de tratamiento menor porcentaje de masa muscular total.

Figura 5. Relación entre la masa magra y el tiempo de tratamiento con hemodiálisis.

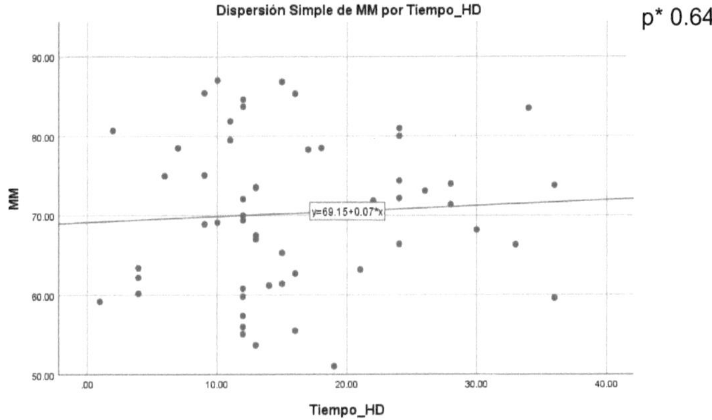

*Se considero un p valor < a 0.05 para la prueba estadística P de Pearson

En la gráfica 3 Relación entre la masa magra y el tiempo de tratamiento con hemodiálisis se observa que no existe una relación estadísticamente significativa entre la masa magra y el tiempo de tratamiento con hemodiálisis estadísticamente significativa (p* 0.64).

8. Discusión de resultados

El objetivo de la presente investigación fue determinar si la composición corporal tiene alguna relación con el tiempo de tratamiento de sustitución de la función renal (hemodiálisis) en pacientes con enfermedad renal crónica por medio de bioimpedancia porque es una herramienta que se ha utilizado para la valoración del estado nutricional de pacientes en hemodiálisis. Uno de sus componentes más importantes es el ángulo de fase, que es la resultante vectorial de la resistencia y la reactancia, está establecido para el pronóstico clínico y expresa cambios en la cantidad y la calidad de la masa de los tejidos blandos [30].

Topete (2019) realizó una investigación en 99 pacientes, el análisis mostró que el valor promedio del AF fue de 4.7°± 1.2. En comparación con esta investigación el promedio del AF fue de 4.7° ±1.2, lo cual refiere gran similitud entre los parámetros [31].

Leal (2019) en su investigación reportó que con una muestra de 69 pacientes conformado por 48% (n=33) hombres y 52% (n=36) mujeres el promedio de AF, 4.6° ± 0.81, arrojando una semejanza con la presente investigación en los parámetros de ángulo de fase obtenidos 4.7° ±1.2 [32].

Gallar (2012) Realizó un estudió en 62 pacientes con tratamiento de hemodiálisis obtuvo un valor promedio de 35,8 ± 12,7 de masa grasa, contrastándolo con la presente investigación cuyo resultado fue un valor medio de 29.7 ± 9.5, se muestra una muestran una gran diferencia entre los valores [33].

Chevaile (2010) Reportó en su investigación cuya muestra fue de 20 pacientes un promedio de 27.9 ± 9.4 para masa grasa, en contraste con la presente se reporta un promedio de 29.7 ± 9.5, lo cual arroja un resultado muy similar entre ambas investigaciones [34].

Bravo (2010) Realizó una investigación en 20 pacientes en la cual reportó un promedio de 42,9 ± 3,1 en masa magra que en comparación con la presente investigación que refleja un promedio de 70.2 ± 9.5, lo cual expresa que hay mucha diferencia de resultados entre ambos estudios [35].

Di-Gioia (2012) Realizó un estudió en 62 pacientes con tratamiento de hemodiálisis obtuvo un valor promedio en masa muscular total de 49.33 ± 16.16 en comparación con los resultados obtenidos de la presente investigación 29.3 ± 6.3   se   muestra   una diferencia significativa [36].

9. Conclusiones

El objetivo de este trabajo fue determinar si la composición corporal de los pacientes con enfermedad renal crónica que reciben tratamiento de hemodiálisis está relacionada con el tiempo del tratamiento, contando con una muestra final de 55 pacientes en su mayoría conformado por hombres con un 54.5% y con el 45.5% restante de participantes mujeres, se observó una relación entre el ángulo de fase y el tiempo de tratamiento.

- A mayor tiempo de tratamiento mayor valor de grados de AF.
- Los valores de MMT incrementaron en medida que aumentó el tiempo de tratamiento.
- El porcentaje de MG estuvieron más disminuidos en tiempo mayor de tratamiento.
- Los valores de MM reflejaron más incremento en tiempo mayor me tratamiento.

Es común que los pacientes con enfermedad renal crónica presenten desgaste proteico energético, causando principalmente disminución en el porcentaje de masa muscular, valores que en el presente estudio no se encontró algún resultado estadísticamente significativo en comparación con los autores consultados, lo que probablemente sea a causa de que todos los pacientes estudiados cuentan con intervención nutricional por el departamento de nutrición de la clínica.

10. Referencias

1. Carrascal S, Colomer M, Laureano O, Pérez E. Descripción del estado nutricional de los pacientes de una unidad de diálisis mediante el uso de la escala "Malnutrition Inflamation Score" "Consorci Hospitalari de Vic". Barcelona. España 2013. 30-36.

2. Quijada M, Gómez R. Prevalencia y conocimiento de los factores de riesgo cardiovascular en pacientes en tratamiento de diálisis. Centro de Diálisis Fresenius Medical Care El Palmar. 2018. 225-351.

3. Cuevas Budhart M, Saucedo Garcia R, García Larrumbe J, Pacheco del cerro E, Meneses Monroy A, Gómez del Pugar García-Madrid M, et al. Factores asociados al desarrollo de eventos adversos en pacientes con hemodiálisis en Guerrero, México. Enfermería Nefrológica. 2019. 22(1):42–50.

4. González E. Composición corporal: estudio y utilidad clínica. Endocrinología y Nutrición 2013, 69-75

5. Lidyce M, Leyva Q, Cira D, León C, José R, Bethencourt B. Elementos teóricos y prácticos sobre la bioimpedancia eléctrica en salud. Revista Archivos Médicos de Camagüey Vol20(5)2016 565-574.

6. Arias M. La bioimpedancia como valoración del peso seco y del estado de hidratación. Servicio de Nefrología y Trasplante Renal, Hospital Clínic Barcelona, Barcelona, España 2010;31(4):137–9.

7. López J. Evolution and applications of bioimpedance in managing chronic kidney disease. Nefrología Clínica. 2011;31(6):630–4.

8. Esteve V, Carneiro J, Moreno F, Fulquet M, Garriga S, Pou M, Efecto de la electroestimulación neuromuscular sobre la fuerza muscular, capacidad funcional y composición corporal en los pacientes en hemodiálisis. Nefrología Clínica 2017 37(1):68–77.

9. Arboleya L. Trastorno mineral y óseo asociado a la enfermedad renal crónica. Reumatología Clínica. 2011 (7):18–21.

10. Caravaca F, Martínez del Viejo C, Villa J, Martínez Gallardo R, Ferreira F. Estimación del estado de hidratación mediante bioimpedancia espectroscópica multifrecuencia en la enfermedad renal crónica avanzada. Nefrología (Madrid). 2011, 31(5):537–44.

11. Llames L, Baldomero V, Iglesias ML, Rodota LP. Values of the phase angle by bioelectrical impedance; nutritional status and prognostic value. Nutrición Hospitalaria 2013, 28 (2) 286–95.

12. Cabello E. ANTROPOMETRÍA. Instituto Nacional de Seguridad e higiene en el trabajo. 2018; 20 (3) 2-13.

13. Alvero J, Correas L, Ronconi M, Fernández R, Porta J. La bioimpedancia eléctrica como método de estimación de la composición corporal, normas prácticas de utilización. Revista Andaluza de Medicina del Deporte 2011 (4):167–74.

14. Sánchez A, Zavala C, Pérez A, García A. Hemodiálisis: proceso no exento de complicaciones Revista de Enfermería del Instituto Mexicano del Seguro Social 2012; 20 (3): 131-137

15. Gerardo M. Vista de Evaluación del estado nutricional en pacientes con insuficiencia renal crónica en tratamiento de hemodiálisis. Nefrología, Diálisis y Transplante 2012; 32 (2) Pag. 86-95.

16. Chen H, Chiu Y, Chuang Y, Hsu S, Pai M, Yang J, Visceral adiposity index and risks of cardiovascular events and mortality in prevalent hemodialysis patients. Cardiovasc Diabetol. 2014 13(1):136

17. Elliott DA Hemodialysis. Clinical Techniques in Small Animal Practice. 2000 Aug;15(3):136–48.

18. Soto N, Pichón Riviere A, Augustovski F, García Martí S, Alcaraz A, Ciapponi A, López A, Rey-Ares L. Hemodiafiltración vs Hemodiálisis en Insuficiencia Renal Crónica Terminal. Documentos de Evaluación de Tecnologías Sanitarias, Informe de Respuesta Rápida N° 360, Buenos Aires, Argentina. Julio 2014.

19. Hugh C. Rayner, M, Lindsay Z, Douglas S. Fuller, M. Recovery Time, Quality of Life, and Mortality in Hemodialysis Patients: The Dialysis Outcomes and Practice Patterns Study (DOPPS). American Journal of Kidney Diseases, 64(1), 86–94 2014.

20. Topete J, López C, López S, Barbarín A, Cervantes M, Navarro J. Determinación del estado nutricional mediante el ángulo de fase en pacientes en hemodiálisis. Gaceta de México. 2019 Mar 28;155(3).

21. Ammirati A. Chronic Kidney Disease. Revista de Asociación Médica Brasileña. 2020;66

22. Soriano S. Definición y clasificación de los estadios de la enfermedad renal crónica. Prevalencia. Claves para el diagnóstico precoz. Factores de riesgo de enfermedad renal crónica. Revista de nefrología 33: 1004-1010, 2004.

23. Granados M, López V, Rafael L. Carga de la enfermedad renal crónica en México* Revista Médica del Instituto Mexicano del Seguro Social, vol. 55, 2, 2017.

24. Gorostidi M, Santamaría R, Alcázar R, Fernández-Fresnedo G, Galcerán, Josep M, Goicoechea M. Documento de la Sociedad Española de Nefrología sobre las guías KDIGO para la evaluación y el tratamiento de la enfermedad renal crónica. Nefrología. 2014;34(3):302–16

25. Ordóñez V, Barranco E, Guerra G, Barreto J, Santana S. Nutritional status in chronic renal failure patients assisted at the hemodialysis program of the "hermanos ameijeiras" hospital. Nutrición Hospitalaria. 2007, 22:677-94

26. Instituto Mexicano del Seguro Social. Informe al Ejecutivo Federal y al Congreso de la Unión sobre la situación financiera y los riesgos del Instituto Mexicano del Seguro Social 2012-2013. México: IMSS; 2013.

27. López R. Nutrition guidelines for advanced chronic kidney disease (ACKD). Nefrología. 2008, 28:79–86.

28. Lozano R, Gómez H, Garrido, Jiménez A, Campusano JC, Franco F. La carga de enfermedad, lesiones, factores de riesgo y desafíos para el sistema de salud en México. Salud Pública Mex. 2013, 55: 580-594.

29. López M, Rojas M. Enfermedad renal crónica y su atención mediante tratamiento sustitutivo en México. México: Facultad de Medicina, UNAM; 2009.

30. Llames L, Baldomero V, Iglesias M, Rodota L. Values of the phase angle by bioelectrical impedance; nutritional status and prognostic value. Nutr Hosp. 2013;28(2):286-295.

31. Topete J, López C, López S, Barbarín A, Cervantes M, Navarro J. Determinación del estado nutricional mediante el ángulo de fase en pacientes en hemodiálisis. 2019;155(3):229-235.

32. Leal G, Osuna I, Cano K, Moguel B, Pérez H, Ruiz S. Phase angle and mid arm circumference as predictors of protein energy wasting in renal replacement therapy patients. Nutr Hosp, 2019(3):633-639.

33. Gallar P, Rodríguez I, Laso N, Callejas R, Ortega O. Cambios en los parámetros de composición corporal en pacientes en hemodiálisis y diálisis peritoneal. Nefrología 2012;32(1):108–13.

34. Chevaile A, Hurtado F. Composición corporal en pacientes con insuficiencia renal crónica y hemodiálisis. Nutr Hosp;25(2):245–9.

35. Bravo A., Chevaile A, Hurtado F. Composición corporal en pacientes con insuficiencia renal crónica y hemodiálisis. Nutr Hosp;25(2):245–9.

36. Di-Gioia M, Gallar P, Rodríguez I, Laso N, Callejas R, Ortega O. Cambios en los parámetros de composición corporal en pacientes en hemodiálisis y diálisis peritoneal. Nefrología 2012;32(1):108–13.

11. Anexos.

11.1 Carta de autorización

COLEGIO MEXIQUENSE UNIVERSITARIO

INCORPORADO A LA SECRETARIA DE EDUCACIÓN
DEL GOBIERNO DEL ESTADO DE MÉXICO

ACUERDO 20520000/176/2014 DE FECHA 15 DE AGOSTO DE 2014
ACUERDO 2052A0000/127/2015 DE FECHA 06 DE AGOSTO DE 2015
ACUERDO 2052A0000/192/2017 DE FECHA 27 DE JULIO DE 2017
C.C.T. 15PSU0253R

Toluca de Lerdo, México, 06 de enero del 2023
ASUNTO: AUTORIZACIÓN APLICACIÓN DE PROTOCOLO DE TESIS
UMT/CLV. 23/05LN/107/28

DR. GERMÁN AVILA TORRES
DIRECTOR MÉDICO DE SENETO

P R E S E N T E

La que suscribe **Dra. en Ed. y S.P. Alejandra Karina Pérez Jaimes**, Coordinadora de la Licenciatura en Nutrición del plantel arriba señalado, por medio del presente me permito solicitar su autorización para la aplicación en SENETO Metepec del Protocolo de Tesis **"Composición corporal y su relación con el tiempo de tratamiento de sustitución de la función renal (hemodiálisis) en pacientes con enfermedad renal crónica" a cargo de la alumna del 8vo Semestre Karla Mercedes Quiroz Roríguez** el cual pretende trabajar con el expediente (Notas del Servicio de Nutrición) para obtener datos de la composición corporal de la bioimpedancia.

Cabe mencionar que el plan de estudios de la Licenciatura cuenta con y **No. de Oficio de Opinión Técnico Favorable de DGCES-DG1480-2022** otorgado por el **Comité Estatal Interinstitucional para la Formación, Capacitación de Recursos Humanos e Investigación-CEIFRHIS y cuenta con convenio vigente con el Instituto de Seguridad Social del Estado de México y Municipios;** teniendo como objetivo el garantizar la calidad educativa de los alumnos.

Sin más por el momento y esperando una respuesta favorable a mi petición, me despido de usted, no sin antes reiterarme a sus órdenes.

A T E N T A M E N T E
"POR UN MÉXICO MEJOR, EDUCACIÓN PARA TODOS"

DRA. EN ED. Y S.P. ALEJANDRA K. PÉREZ JAIMES
COORDINADORA DE LA LICENCIATURA EN NUTRICIÓN
UNIVERSIDAD MEXIQUENSE DE TOLUCA

Contacto: 722 241 07 08 & 7294 97 91 40
Correo: coordinacion.cdmnutricion.edu.mx

CCP. Archivo CCT2

11.3 Base de datos

Paciente	Sexo	Edad	Tiempo en hemodiálisis	Dx	AF	MG%	MMT%	MM%

Printed by Books on Demand GmbH, Norderstedt / Germany